Crinkleroot's

# 森林爷爷自然课

# 你应该知道的25种哺乳动物

[美] 吉姆·阿诺斯基 著/绘
洪宇 译

人民东方出版传媒
People's Oriental Publishing & Media
東方出版社
The Oriental Press

伟大的博物学家欧内斯特·汤普森·塞顿在他的《森林知识》一书中，列出了他认为每个孩子都应该认识的40种鸟类。

虽然我并不同意他的一些选择，但这份清单引发了我的思考：每个孩子应该认识多少种鸟？多少种鱼？多少种哺乳动物？……

于是，我特意为孩子们编绘了“森林爷爷自然课动物图鉴”系列（25种鸟类、25种鱼类、25种哺乳动物和25种其他动物）旨在帮助孩子们认识动物王国的大部分常见种类。

我希望我的选择能引发家长和老师们的思考，就像塞顿先生引发了我的思考那样，哪些动物应该被包括在这份孩子的自然认知清单中。小朋友，你也可以发表自己的意见哟！

吉姆·阿诺斯基

小朋友，你好！我是森林爷爷克林克洛特。

和你一样，我也是人类。

同时，我也是哺乳动物。你也一样哟！

哺乳动物就是在刚出生的一段时间里，靠吃妈妈的乳汁活着并长大的动物。

除了人类以外，你还知道哪些其他种类的哺乳动物吗？在这本书里，有 25 种你应该认识的哺乳动物。

看！哺乳动物的形状和大小千差万别。

哺乳动物的幼崽会和父母在一起生活很长时间。只有当它们长得足够大，变得足够聪明，能够好好照顾自己之后，它们才会离开父母独自去生活。

哺乳动物喜欢玩耍。它们在游戏中练习奔跑、躲藏、狩猎和觅食等重要的生存技能。

来好好研究哺乳动物吧，乐趣多多哟！

你的朋友

**森林爷爷克林克洛特**

小朋友，请给这些可爱的动物涂上颜色吧！别着急，慢慢涂，要注意细节哟！

# 哺乳动物

# 人类

# 狗

人类

狗

# 猫

松鼠
老鼠

猫

松鼠
老鼠

# 马

# 奶牛

马

# 奶牛

# 猪

鹿
绵羊

猪

鹿
绵羊

熊

# 浣熊

# 臭鼬

熊

浣熊
臭鼬

# 河狸

蝙蝠

兔子

河狸

兔子

狐狸

# 狼

狐狸

狼

狮子

# 老虎

狮子

老虎

# 袋鼠

# 大象

袋鼠

大象

# 鲸

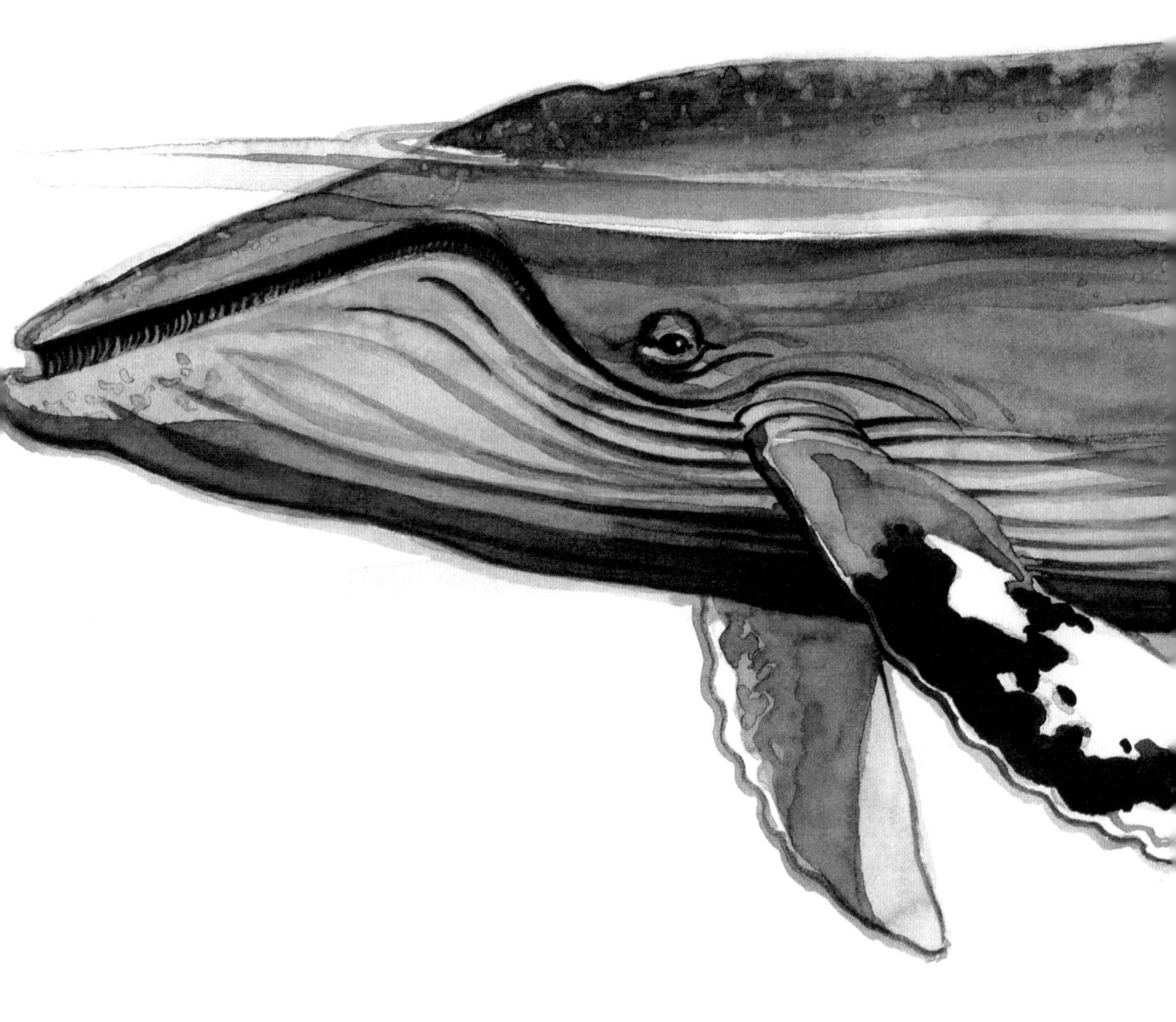

鲸

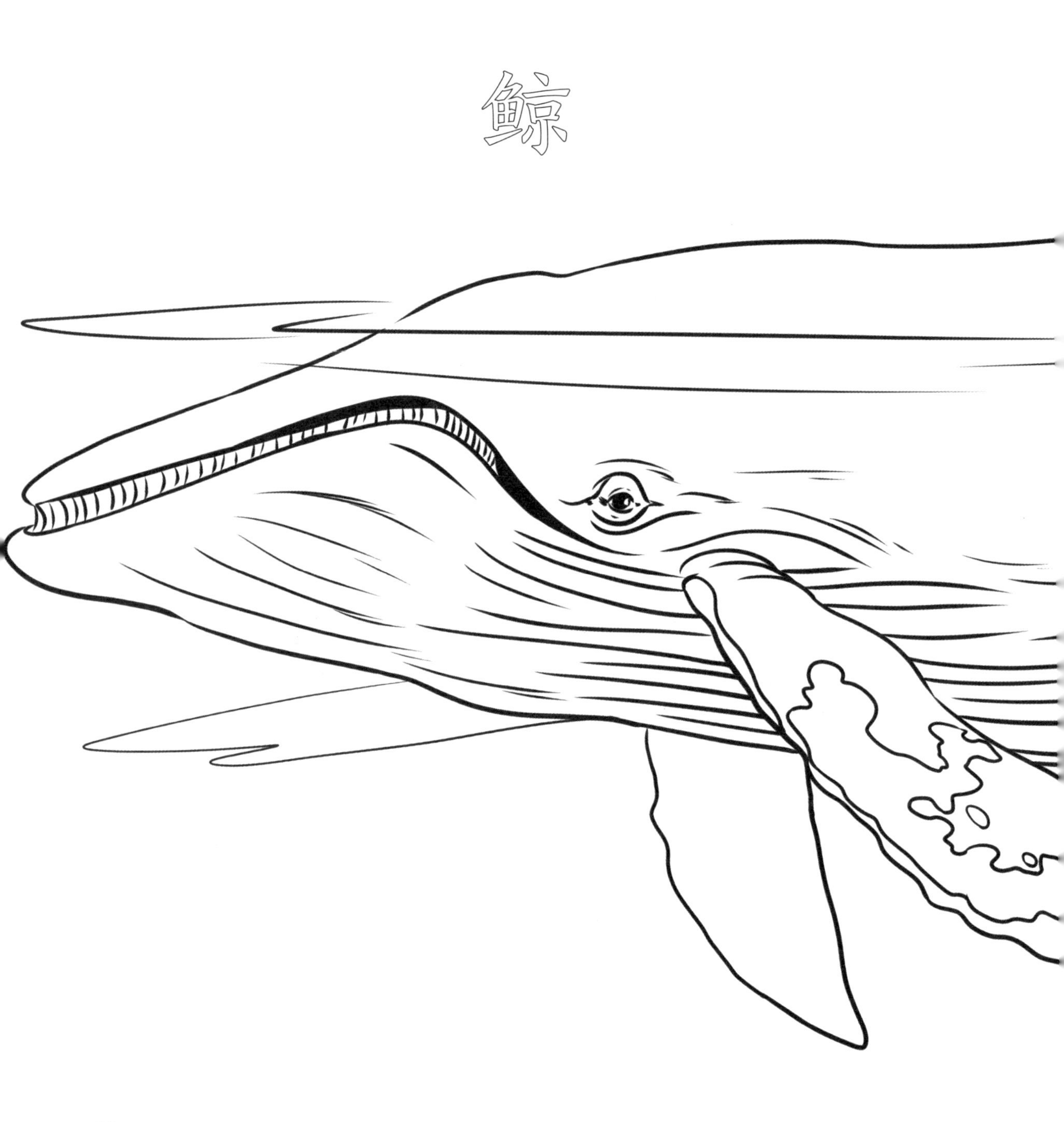

猴子

# 大猩猩

（发现我留给你们的小惊喜了吗？请数一数，在前面的彩页里，我藏了哪些动物？）

猴子

大猩猩

**图书在版编目（CIP）数据**

森林爷爷自然课．你应该知道的25种哺乳动物 /（美）吉姆·阿诺斯基著绘；
洪宇译．— 北京： 东方出版社，2021.11
ISBN 978-7-5207-2093-9

Ⅰ．①森… Ⅱ．①吉… ②洪… Ⅲ．①自然科学－儿童读物②哺乳动物纲－
儿童读物 Ⅳ．① N49 ② Q959.8-49

中国版本图书馆 CIP 数据核字（2021）第 041758 号



**森林爷爷自然课（全 12 册）**
（SENLIN YEYE ZIRAN KE）

**著　　绘：**[美] 吉姆·阿诺斯基
**译　　者：**洪　宇
**策 划 人：**张　旭
**责任编辑：**丁胜杰
**产品经理：**丁胜杰
**出　　版：**东方出版社
**发　　行：**人民东方出版传媒有限公司
**地　　址：**北京市西城区北三环中路 6 号
**邮　　编：**100120
**印　　刷：**鸿博昊天科技有限公司
**版　　次：**2021 年 11 月第 1 版
**印　　次：**2021 年 11 月第 1 次印刷
**印　　数：**1—10000 册
**开　　本：**650 毫米 ×1000 毫米　1/12
**印　　张：**44
**字　　数：**420 千字
**书　　号：**ISBN 978-7-5207-2093-9
**定　　价：**238.00 元
**发行电话：**（010）85924663　85924644　85924641